Fernand Papillon

L'Anatomie générale et les travaux de M. Charles Robin

Biologie

 Le code de la propriété intellectuelle du 1er juillet 1992 interdit en effet expressément la photocopie à usage collectif sans autorisation des ayants droit. Or, cette pratique s'est généralisée dans les établissements d'enseignement supérieur, provoquant une baisse brutale des achats de livres et de revues, au point que la possibilité même pour les auteurs de créer des œuvres nouvelles et de les faire éditer correctement est aujourd'hui menacée. En application de la loi du 11 mars 1957, il est interdit de reproduire intégralement ou partiellement le présent ouvrage, sur quelque support que ce soit, sans autorisation de l'Éditeur ou du Centre Français d'Exploitation du Droit de Copie , 20, rue Grands Augustins, 75006 Paris.

ISBN : 978-1978038615

10 9 8 7 6 5 4 3 2 1

Fernand Papillon

L'Anatomie générale et les travaux de M. Charles Robin

Biologie

Table de Matières

Introduction	**6**
Section I	**7**
Section II	**10**
Section III	**22**
Section IV	**31**
Section V	**37**

Introduction

La physique, la chimie et la physiologie contemporaines s'étendent prodigieusement en surface ; mais peut-être ne remarque-t-on pas assez qu'en même temps elles montent et aspirent aux sommets. A mesure que les procédés se renforcent et que les doctrines se consolident, la science, plus audacieuse, aborde plus résolument les questions élevées, et prétend y porter une lumière décisive. Elle entreprend avec des méthodes précises et une régularité très assurée la discussion des problèmes les plus généraux et les plus compréhensifs. Ne trouvant plus de limites ni à l'exploration du monde des soleils, ni à l'exploration du monde des atomes, s'imaginant d'ailleurs que cette double enquête lui livrait tous les secrets de la matière et de l'esprit, il ne faut pas s'étonner qu'elle ait cru en pouvoir tirer la connaissance de ce qui semblait jusqu'ici réservé à d'autres capacités que les siennes. Justifiée ou non, cette tendance philosophique de la science moderne n'en est pas moins le résultat d'un ensemble de découvertes pleines d'intérêt malgré leur nature souvent abstraite, pleines de féconds enseignements sous l'apparente stérilité de leurs détails. La *Revues*, déjà donné en partie l'exposé des travaux de physique, de chimie et de physiologie qui rentrent dans cette catégorie d'œuvres hardies et grandioses. Il a paru qu'on pouvait mettre aujourd'hui le lecteur au courant de ce que les anatomistes ont fait dans cette direction.

Si chacun a dans son bagage des notions relatives à la conformation des principaux viscères animaux, peu de personnes, même parmi les plus éclairées, soupçonnent l'intérêt puissant et la portée des connaissances touchant la composition intime des organes, la structure et le développement de leurs parties les plus profondes et les plus fines, les propriétés singulières des corpuscules infiniment petits dont l'agrégation constitue les êtres vivants. Les problèmes de la vie apparaissent dans ces études avec toute leur grandeur, tout leur mystère et tout leur attrait. Les muettes révélations du microscope y sont associées au langage éloquent de l'expérimentation sur les animaux. La chimie la plus compliquée y vient en aide à une dialectique qui, pour être positive, n'en est que plus pénétrante. Enfin la médecine, sous peine de stagnation, est condamnée à chercher là le mot des énigmes que l'empirisme n'a pu découvrir. C'est assez dire tout l'intérêt que peut offrir un exposé d'ensemble de l'état actuel de l'anatomie générale, à l'avancement de laquelle a tant contribué un des hommes qui font le plus d'honneur à la science française, M. Charles Robin.

Section I

L'anatomie générale est de création toute moderne. Les anciens anatomistes, bornant leurs études à l'examen superficiel des organes, négligèrent d'en explorer les profondeurs. D'ailleurs pendant longtemps ils furent privés de l'instrument le plus indispensable aux investigations de ce genre, du microscope. Depuis Hérophile et Érasistrate, qui florissaient trois cents ans avant l'ère chrétienne et qui sont les vrais fondateurs de l'anatomie descriptive du corps humain, jusqu'à Galien, depuis Galien jusqu'à Vésale inclusivement, la grosse anatomie fut constituée presque tout entière. Un grand nombre de points restés obscurs furent éclaircis ensuite par Bérenger de Carpi, Massa, Servet, Sylvius, qui découvrit les valvules des veines, Eustachi, qui vit le canal thoracique, Varole, qui scruta le cerveau, Botal, Bauhin, Césalpin, Fabrice d'Aquapendente, et bien d'autres qui, durant le XVe et le XVIe siècle, firent graver de magnifiques planches presque aussi utiles au progrès des études anatomiques que les investigations originales le plus heureusement accomplies. — Ces connaissances, déjà étendues, furent complétées au XVIIe et au XVIIIe siècle par une série d'hommes supérieurs, et dont les noms seuls rappellent une vie laborieuse et des œuvres éclatantes. Harvey prouve en 1619 la circulation du sang, après lui Wirsung démontre le conduit pancréatique, Pecquet les vaisseaux chylifères, Rudbeck et Thomas Bartholin les lymphatiques, Vieussens éclaire toute la névrologie. Plus tard Ruysch, Albinus, Haller, Boerhaave, Vinslow, Vicq d'Azyr, joignent le fruit de leurs recherches persévérantes aux résultats de leurs devanciers.

En résumé, l'anatomie descriptive du corps humain était à la fin du XVIIIe siècle dans un état de perfection notable. La disposition extérieure, la forme et les rapports des os, des muscles, des nerfs, des vaisseaux et des viscères étaient établis d'une façon positive et satisfaisante pour les besoins de l'art chirurgical. Grand fut l'étonnement des vieux anatomistes d'alors quand un homme de génie vint leur dire et leur prouver qu'une première moitié seulement de l'anatomie était connue, la moitié la plus superficielle et la plus grossière, et qu'une seconde moitié s'offrait aux investigations, pleine de difficultés et de surprises. Il s'agit précisément de l'anatomie générale et de Xavier Bichat, qui en est le fondateur. En effet, ces organes dont on savait les contours, l'arrangement et la topographie n'étaient connus qu'à demi. On en ignorait la texture, la composition intime, la fine trame. On n'avait point analysé les propriétés essentielles des membranes qui les constituent. Voilà l'objet de l'anatomie nouvelle créée par Bichat. Expérimentateur hardi et ingénieux autant qu'observateur habile et clairvoyant, également versé dans la connaissance de l'homme sain et dans celle de l'homme malade, penseur profond et lucide, infatigable et merveilleusement heureux dans la recherche méthodique des faits, mesuré et circonspect dans l'établissement des principes, unissant une compréhensive et large vue des choses à un sentiment très juste des difficultés et des périls de l'investigation chez les êtres organisés, esprit à la fois très positif et très élevé, ne manquant ni d'audace ni de noble ambition, ce grand homme était appelé peut-être à réformer définitivement la biologie, si la mort ne l'eût fauché à l'âge de trente-deux ans. Ses travaux inachevés ont suffi néanmoins à la perfectionner notablement en instituant la connaissance des tissus vivants. « Tous les animaux, dit Bichat, sont un assemblage de divers organes qui, exécutant chacun une fonction, concourent chacun à sa manière à la conservation du tout. Ce sont autant de machines particulières dans la machine générale qui constitue l'individu. Or ces machines particulières sont elles-mêmes formées par plusieurs *tissus* de nature très différente et qui forment véritablement les éléments de ces organes. » S'appuyant sur ce que ces divers tissus sont à peu près identiques d'un animal à un autre, Bichat put assigner légitimement à la science qui les étudie le nom d'anatomie générale. Non content de les décrire exactement, il entreprit l'analyse catégorique de leurs propriétés intimes. En même temps il entrevit le rôle des humeurs fondamentales de l'économie.

La mort n'avait pas permis à Bichat d'étendre et d'appliquer à la pathologie ses découvertes d'anatomie générale, ni d'en tirer un nouveau système de médecine. Ce fut l'œuvre d'un autre homme supérieur, dont le tempérament ardent, la vigueur d'esprit surprenante et la sagacité généralisatrice ont fait une des plus originales figures de ce siècle. Broussais expliqua les maladies par l'altération des tissus. Éliminant les entités imaginaires et les causes occultes de l'ancienne médecine, cherchant dans l'étude des fonctions normales le mécanisme des perturbations morbides, comprenant tout le prix d'une étude approfondie des propriétés de la substance organisée, ce célèbre médecin, par ses travaux sur les fièvres, les phlegmasies et la folie, transforma la doctrine de son époque. Ramenant les attributs essentiels de la matière vivante à une propriété unique, l'*irritabilité*, il essaya de montrer comment les dérangements de l'économie dérivent de l'augmentation ou de la diminution de celle-ci. C'était une hypothèse aventurée qu'il a fallu modifier plus tard, mais il avait aperçu avec une telle justesse le ressort des phénomènes de la vie, il avait pénétré si avant dans le secret de tous les modes de l'activité organique, que la médecine entière se trouva éclairée par cette proposition. Broussais avait en tout cas prouvé que la maladie ne détermine point l'apparition de propriétés nouvelles dans les parties constituantes des organes, et qu'elle résulte d'un trouble dans la manifestation complexe des propriétés ordinaires. Il avait vu comment les lois de la maladie ne sont que des cas particuliers des lois générales gouvernant l'existence des tissus animaux.

Blainville ne dépassa point Bichat en ce qui concerne les tissus, mais il comprit bien mieux que lui le rôle et l'organisation des parties liquides qu'on désigne sous le nom d'humeurs, et il en revendiqua la connaissance pour l'anatomie générale. Il traça l'histoire simultanée des tissus et des humeurs, envisagés tous deux comme parties constituantes et solidaires de l'économie. Il jeta de plus un jour nouveau sur les systèmes formés par l'assemblage des tissus similaires. En même temps que Blainville, c'est-à-dire dans le premier tiers de ce siècle, des savants étrangers, appliquant aux tissus vivants des animaux la méthode d'observation que Mirbel avait appliquée aux tissus végétaux, découvrirent que tous ces tissus loin d'être homogènes sont constitués par l'enchevêtrement de corpuscules d'espèces et de formes diverses, visibles seulement au microscope et qu'on nomme *éléments anatomiques*. Ils virent quelques-unes des cellules, des fibres et des tubes extrêmement petits qui s'associent ainsi pour former les parties solides que nous observons à l'œil nu. Gruthuisen, Heusinger, Schleiden, Schwann et d'autres développèrent ainsi le système d'anatomie générale exposé par Xavier Bichat.

L'ancienne médecine avait professé les doctrines les plus bizarres sur les liquides de l'organisme, et les avait associés de la plus étrange façon à ses systèmes sur la santé et la maladie. Pour les hippocratistes, et plus tard pour Galien, il y avait quatre humeurs : le sang, la pituite, la bile jaune et la bile noire, dont le juste tempérament constituait la santé, et dont la disproportion ou l'âcreté produisait les maladies. Les modernes se contentèrent bien longtemps de ces données illusoires, et ce n'est guère qu'au XVIIIe siècle qu'un progrès réel fut accompli dans la connaissance des humeurs, grâce aux travaux de Rouelle le cadet. Après lui, Fourcroy, Vauquelin, Berzelius, MM. Chevreul, Liebig, Dumas et Denis, appliquant la méthode exacte des investigations chimiques à l'étude de ces intéressantes parties firent connaître les composés chimiques, les *principes immédiats* dont elles sont formées. Ils tachèrent aussi de reconnaître et de doser ces principes dans les organes et dans les tissus de l'économie. Malheureusement la chimie ne suffit pas pour résoudre tous les problèmes de la biologie, et l'on a reconnu de nos jours que l'analyse chimique doit céder le pas à l'analyse anatomique dans l'examen de la composition des rouages de l'organisme. C'est ainsi que s'est constituée une anatomie générale plus complète que celle de Bichat et comprenant l'étude méthodique des êtres animés à partir de leurs principes intégrants les plus rudimentaires jusqu'aux tissus complexes qui sont la trame de leurs organes. M. Charles Robin a contribué plus que personne par son enseignement et ses travaux à l'avancement de ces études.

Section II

M. Robin inaugura sa carrière scientifique en 1845 par une découverte des plus importantes. En étudiant le système vasculaire des poissons, il trouva un appareil électrique chez la raie. Le nombre est fort restreint de ces poissons singuliers qui ressemblent à des machines électriques par les contractions et les secousses quelquefois très énergiques qu'ils provoquent lorsqu'on les touche. On n'en comptait avant M. Robin que quatre espèces (torpille, gymnote, malaptérure et mormyre). Augmenter cette courte liste était d'un heureux présage, qui ne fut pas démenti par les travaux ultérieurs. Ceux-ci en effet visaient directement la rénovation de l'anatomie générale, laquelle devint dès lors l'objet clairement aperçu et inflexiblement poursuivi par M. Robin.

Les géologues, personne ne l'ignore, décomposent les terrains en roches et les roches en minéraux, qui sont comme les éléments premiers de la croûte terrestre. C'est ainsi qu'ils distinguent dans les terrains ignés le granité, la syénite, le gneiss, la diorite, etc. Ils réduisent ensuite chacune de ces roches à un certain nombre de principes immédiats. Le granité par exemple fournira le feldspath, le quartz et le mica. De même il y a plusieurs degrés de complication dans l'édifice des êtres vivants, lesquels se ramènent par une série d'analyses du même genre à un certain nombre de principes également immédiats, c'est-à-dire de substances chimiques fondamentales. M. Robin comprit tout d'abord la nécessité d'organiser méthodiquement la connaissance de ces ingrédients, matériaux de toute élaboration vitale et de toute construction organique.[1]

L'ancienne chimie admettait d'emblée que les humeurs et les tissus de l'économie sont formés d'eau, d'huile, de terre et de sel. On y ajoutait quelquefois le soufre, le phlegme et l'alcali. C'était très vague et peu instructif. On a reconnu depuis que le nombre des principes immédiats est bien autrement considérable, et que la constitution en est très compliquée. Les analyses de la chimie moderne ont établi la nature précise et les principales propriétés de ces corps, mais sans en systématiser la connaissance. Elles nous ont appris qu'il y a dans l'économie des matières colorantes, des matières albuminoïdes, des acides, des sels, des alcalis, des alcools, des sucres, des graisses, des éthers. M. Robin, reprenant certaines indications de M. Chevreul, mit les principes immédiats à leur

---

1 Il y a consacré un ouvrage considérable : *Traité de chimie anatomique et physiologique*, par Robin et Verdeil, 3 vol. in-8°, 1853. C'est dans cet ouvrage que pour la première fois les principes immédiats sont divisés en trois classes.

Section II

vraie place et les classa en déterminant leur rôle dans les diverses parties de l'organisme. Ces principes marquent la transition de la chimie à la biologie. Envisagés individuellement dans leur composition moléculaire, dans leur fonction chimique et dans les métamorphoses qu'ils peuvent éprouver sous l'influence des réactifs, ils appartiennent à la chimie. Envisagés au point de vue de leur nombre et de leur répartition dans l'économie vivante, de la part qu'ils prennent à la formation des organes et des liquides de l'animal, des particularités qu'ils offrent suivant les âges, les espèces et les états morbides, ils appartiennent à l'anatomie générale. M. Robin a montré comment ils s'associent et se transforment dans le cycle de la vie. Les principes immédiats, groupés dans un ordre déterminé et avec une structure propre, forment des corpuscules de diverse nature, mais toujours extrêmement ténus et délicats, visibles seulement au moyen de microscopes fortement grossissants, et qu'on appelle *éléments anatomiques*. Ces éléments en se juxtaposant et s'enchevêtrant de mille façons forment les tissus des organes, et c'est en eux que résident essentiellement toutes les énergies de L'être vivant. Plus compliqués que certains animalcules infusoires (monades, amibes), ils représentent de petits organismes consituant par leur fédération l'organisme de l'individu. Aussi les explications physiologiques de la science moderne n'ont plus d'autre objet que d'atteindre par les procédés d'une sagace analyse ces monades actives qui se comptent par milliards. Ce sont les corps simples de la biologie non moins indispensables à l'interprétation des faits vitaux que ceux dont on doit la découverte au génie de Lavoisier le furent à la connaissance des faits chimiques. On distingue parmi les éléments anatomiques les cellules, les fibres et les tubes. Les cellules sont des corpuscules sphéroïdaux, polyédriques ou discoïdes dont les dimensions à peu près égales en tout sens varient de 5 millièmes à 1 dixième de millimètre. Elles sont formées d'une masse fondamentale possédant rarement une cavité, mais au sein de laquelle on distingue souvent un ou plusieurs noyaux pourvus quelquefois de noyaux secondaires. Ces éléments sont les plus répandus dans l'économie. La forme cellulaire appartient en effet aux globules blancs et rouges du sang, aux éléments des os et de la moelle des os, aux éléments de la substance nerveuse centrale et des ganglions, à ceux de l'épidémie, etc. La forme des diverses cellules varie considérablement d'une espèce à l'autre. Quelques-unes affectent même des figures très bizarres. Les cellules multipolaires de la substance nerveuse centrale ressemblent à des poulpes aux bras étranges. D'autres sont étoilées, d'autres en forme de fuseau, etc. Les fibres ont la forme d'un ruban étroit, allongé et très mince, renfermant quelquefois un ou plusieurs noyaux. Les éléments fondamentaux des muscles sont des fibres de deux sortes : celles de la vie organique, qui sont lisses et dont la longueur varie entre 0mm,06 et 0mm,5, et celles de la vie animale, qui sont striées et bien plus petites. Le tissu conjonctif et le tissu élastique sont constitués aussi par des fibres spéciales. Les éléments ayant forme de tubes sont le périnèvre, qui entoure les faisceaux primitifs des tubes nerveux dans les nerfs de la vie animale et dans les filets blancs du grand sympathique, le myolemme, qui enveloppe les faisceaux primitifs des fibres musculaires de la vie animale, les vaisseaux capillaires, les tubes des glandes et des parenchymes, et enfin les tubes nerveux. Ces derniers, qui constituent la plus grande partie des nerfs, ont un diamètre qui varie de 0m,01 à 0m,001. Mirbel écrivait en 1835 que les cellules ou utricules sont autant d'individus vivans, jouissant chacun de la propriété de croître, de se multiplier, de se modifier dans certaines limites, travaillant en commun à l'édification de la plante dont elles deviennent elles-mêmes les matériaux constituants. Il ajoutait, comme l'avait déjà exprimé Turpin en 1818, que la plante est ainsi un *être collectif*. On doit en dire autant aujourd'hui de l'animal. C'est un être collectif formé par l'agglomération des fibres, tubes et cellules que nous venons de caractériser. Nous ne sommes que des fédérations d'éléments anatomiques.

Jusqu'à M. Robin, on avait plus ou moins confondu les éléments anatomiques avec les tissus. On n'en avait précisé ni le rôle, ni les caractères biologiques. On avait expliqué les phénomènes sans remonter jusqu'à ces corpuscules, qui en sont le siège initial. Ce savant les a considérés pour la première fois comme devant former l'objet d'une branche spéciale de l'anatomie. De plus il a découvert un certain nombre d'entre eux qui avaient jusqu'alors échappé à l'investigation microscopique, à savoir : le périnèvre dans les nerfs, les médullocèles et les myéloplaxes dans la moelle des os ; il a dévoilé les attributions ignorées de plusieurs autres, tels que les leucocytes, les cellules nerveuses des ganglions, les divers épithéliums ; enfin il a répandu un jour nouveau sur l'histoire de tous en décrivant les particularités de leur naissance et de leur développement.

Rien de plus instructif et de plus attrayant que l'étude des éléments anatomiques. Ils sont invisibles à notre œil, mais ils ne sont pas moins les ardents foyers où brûle le feu de la vie. C'est en eux et par eux qu'elle commence et se constitue, c'est en eux que successivement apparaissent les attributs fondamentaux qui donnent lieu aux manifestations les plus élevées de l'existence animale. Véritables microcosmes, vivant chacun d'une vie propre et indépendante, ils sont doués de propriétés essentielles qui rendent compte de tous les actes vitaux. Leur composition en principes immédiats est très complexe. Elle est aussi mobile que leur structure est délicate. Soumis à une rénovation moléculaire continuelle, assimilant sans cesse de nouveaux matériaux et sans cesse se débarrassant d'une portion de leur substance, ils sont dans un état de métamorphose permanente. Ce renouvellement perpétuel est précisément la *nutrition*, caractère absolu des êtres organisés. Point de vie sans nutrition. L'humble vibrion se nourrit comme le mammifère le plus perfectionné, la plus infime moisissure comme le cèdre gigantesque. Toutes les autres propriétés des corps vivants sont subordonnées à celle-là, qui est leur condition première et le trait le plus spécifique de la vie. Un autre caractère des éléments anatomiques est l'*évolution*, bien distincte de la nutrition. Ces petits corps au moment où ils apparaissent ne sont pas semblables à ce qu'ils doivent être plus tard. A mesure qu'on s'éloigne de l'instant de leur naissance, on observe qu'ils offrent un aspect différent de celui qu'ils avaient antérieurement. Ils acquièrent un volume plus considérable et se compliquent de parties nouvelles, de formes plus parfaites, qui disparaîtront à leur tour, en sorte que chaque élément trace ainsi une courbe évolutive dont le sommet, représentant l'état adulte, est atteint plus ou moins rapidement.

Si la nutrition et l'évolution appartiennent à tous les éléments anatomiques, la *contraclilité* est l'apanage d'un très petit nombre d'entre eux. Elle est propre aux fibres musculaires, où elle présente deux modes. Dans les fibres musculaires striées de la vie animale, elle est- brusque et rapide ; dans les fibres lisses de la vie organique, elle se fait avec lenteur. C'est de cette propriété que dépendent tout mouvement et toute locomotion, puisque c'est elle qui donne la force aux muscles.

L'*innervation* est la propriété des éléments nerveux. Les manifestations en sont complexes et diversifiées, mais elle est surtout caractérisée par ce fait, que, loin de borner son rôle à une action locale, elle rayonne à distance et transporte au loin son influence. La cellule nerveuse trouve en effet dans les tubes nerveux qui en émanent, dans la cellule congénère qui lui est annexée, soit des appareils conducteurs chargés d'exporter la force qu'elle produit, soit un véritable appareil *récepteur* chargé d'emmagasiner cette force et de la propager à distance sous une nouvelle forme. Véritable couple électrodynamique, comme l'a si bien exprimé M. Luys, l'appareil nerveux ainsi réduit à sa plus simple expression engendre lui-même la force qu'il transmet à distance. Il la conduit, la reçoit et la transforme à l'instar des appareils de transmission électrique, qui représentent dans l'appareil générateur d'électricité la cellule d'émission, dans le fil interposé le tube nerveux, et dans la cellule située à l'autre extrémité du tube l'appareil récepteur destiné à enregistrer et à traduire sous une forme nouvelle l'incitation du départ. Cette force, tantôt centripète comme la sensibilité, tantôt centrifuge comme la pensée, est aussi centripète et centrifuge à la fois comme la motricité ; mais ce qu'il y a de plus caractéristique dans les actes d'innervation, c'est leur spontanéité. Les cellules nerveuses ont la propriété de conserver l'impression des agents extérieurs qui ont influé sur elles et de persister pendant un temps plus ou moins prolongé dans cet état où elles ont été artificiellement placées. C'est ainsi que dans l'ordre physique la lumière communique aux corps qu'elle a frappés pendant un instant une véritable activité et les rend *phosphorescents* plus ou moins longtemps. Cette aptitude à conserver en dépôt les impressions extérieures, qui est l'apanage presque exclusif des cellules nerveuses, peut persister pendant un temps indéfini à l'état latent, se perdre à la longue et ne se révéler derechef que sous l'influence évocatrice de la première impression, ou bien sous celle des cellules ambiantes, qui sont en quelque sorte de nouveaux foyers d'incitations secondaires. De même que l'on voit des corps, devenus phosphorescents sous l'influence de l'insolation, perdre insensiblement cette propriété et la récupérer à l'aide d'une autre source de phosphorescence, la chaleur par exemple, de même la réceptivité des cellules peut être rétablie soit sous l'influence de la cause première, soit sous l'influence d'une autre source d'incitation. Remarquons enfin, et c'est ici le point le plus important de l'innervation cérébrale, que les cellules une fois ébranlées par l'arrivée des impressions extérieures n'en restent pas là. Cet état dans lequel elles se trouvent après leur *imprégnation* par l'impression extérieure, et que M. Luys assimile à la phosphorescence, se communique de proche en proche, et va, par une série d'ébranlements intermédiaires, susciter la mise en activité de nouveaux groupes de cellules situés à d'autres pôles, et qui se mettent à l'unisson des premiers en provoquant à leur tour de nouvelles incitations. Tels sont les traits principaux sous lesquels apparaît et fonctionne l'innervation, cette propriété qui, rudimentaire et presque imperceptible chez les animaux inférieurs, s'élève chez les animaux supérieurs et les élève eux-mêmes à un si haut degré de perfection. Quelle que soit du reste la cause première des actes les plus éminents de notre vie affective et intellectuelle, nous ne sentons, voulons, imaginons et comprenons que par le moyen de ces corpuscules nerveux répartis dans notre économie et doués de cette faculté, sans analogue ailleurs, de recevoir, de conduire, de percevoir, d'emmagasiner, de modifier les impressions.

Voici donc un premier et fondamental enseignement fourni par l'étude des éléments anatomiques : le jeu des organismes animaux se ramène à quatre activités essentielles et simples, nutrition, évolution, contractilité et innervation. A la fois distinctes et solidaires, tantôt confusément emmêlées, tantôt visiblement séparées, consubstantielles avec les éléments anatomiques par où se manifeste leur existence, pouvant revêtir des apparences variées et multiples, ces propriétés sont les ressorts de toutes les mécaniques vivantes. Dans les machines qui émanent de l'industrie humaine, une seule force se transforme pour accomplir les effets les plus divers. Chez les animaux, plusieurs forces diverses ont pour emploi, à travers mille enchevêtrements et complications, d'assurer la perpétuité de l'espèce par le fonctionnement de l'individu.

Nous sommes ainsi amenés à parler de la génération des éléments anatomiques. Ce problème est doublement grave. D'abord il abonde en difficultés de toute sorte, tant ici les observations sont minutieuses, les sens enclins à s'abuser, les esprits prompts à s'égarer. Ensuite il touche aux plus redoutables questions non-seulement de l'anatomie générale, mais encore de la philosophie naturelle, puisqu'il se confond avec l'étude de la génération des êtres organisés en général. Les recherches de M. Robin ont contribué dans une large mesure aux progrès de la connaissance de ces obscurs phénomènes.

Toute substance organisée qui se nourrit et se développe détermine dans son voisinage l'apparition de nouveaux éléments anatomiques. Elle tend à créer autour d'elle de nouvelles formes et une nouvelle activité. Un élément peut en engendrer d'autres en se *segmentant*, c'est-à-dire en se fractionnant en deux ou plusieurs parties. Dans les cellules à noyaux, on observe d'abord le fractionnement du noyau, puis ensuite l'*individualisation* du contenu de la cellule autour des petits noyaux secondaires ainsi formés. Une cellule est ainsi l'origine de trois ou quatre cellules nouvelles qui deviennent chacune le siège d'un phénomène identique. Il y a là comme un cloisonnement opéré dans le contenu de la cellule en train de grandir. La *gemmation* est un second mode de production des éléments anatomiques. Dans ce cas, il se forme en un des points de l'élément-mère une saillie ou hernie d'où résulte un autre élément distinct du premier. Et ce fait, comme celui de la segmentation, est bien plutôt une reproduction qu'une naissance.

Arrivons au troisième mode. Ici les éléments anatomiques *naissent* de toutes pièces au sein et aux dépens d'un liquide vivant émané d'éléments anatomiques déjà existants. Ce liquide, appelé *blastème*, est formé de principes immédiats provenant d'une transsudation de la substance organisée dans les interstices de laquelle il s'écoule. Le blastème est le liquide fécond par excellence, le lieu dissimulé où sont condensées les forces créatrices de la vie, se manifestant par une élaboration continuelle de cellules, de fibres et de tubes qui sont le rudiment des tissus et des organes. On y voit d'abord apparaître un noyau très petit qui s'entoure peu à peu de matière solidifiée, laquelle finit par acquérir une figure déterminée et une structure propre. Les éléments du tissu des plantes se forment de même au sein d'un liquide mucilagineux appelé *cambium*, et dans lequel les instruments les plus perfectionnés ne décèlent que de la matière amorphe. Il y a autant de blastèmes différents qu'il y a de tissus ; en d'autres termes, les éléments anatomiques de chaque tissu laissent suinter entre eux des liqueurs génératrices où naissent des éléments pareils. Nous aurons occasion plus loin d'en signaler d'intéressants exemples.

Cette éclosion de molécules vivantes dans la masse des blastèmes, démontrée par les innombrables observations de M. Robin, vérifiée par celles de beaucoup d'autres savants,[1] est une véritable *génération spontanée*. En effet, des corpuscules organisés se développent ici sans germes ni parents, au milieu d'un liquide où rien ne pouvait autoriser quelques instants auparavant à prédire leur apparition. Seulement ce liquide dépend d'un organisme vivant, c'est-à-dire dont les particules élémentaires sont elles-mêmes en voie de rénovation moléculaire continue. En dehors de ces faits, on n'a pu établir avec certitude, du moins jusqu'à présent, que des êtres même microscopiques puissent se produire avec le seul concours des forces physico-chimiques. Les expériences nombreuses qui ont été, il y a sept ou huit ans, l'origine de débats si passionnés et si vifs prouvent qu'un liquide ou qu'une infusion observés dans les vaisseaux d'un laboratoire restent absolument inféconds tant qu'on les soustrait au contact des germes et des spores charriés par l'atmosphère. Ce résultat démontré ne laisse subsister aucun des arguments invoqués à l'appui de l'hétérogénie.

Les trois modes de naissance que nous venons d'étudier sont les modes mêmes de génération des êtres vivants, puisque ceux-ci commencent invariablement par des éléments anatomiques. Pour donner une idée plus claire de ces opérations naturelles si curieuses, voyons ce qui se passe dans le granule organisé qui est le point de départ de la formation et du développement de l'embryon, c'est-à-dire dans l'ovule. Nous y constaterons ces trois modes en action.

L'ovule est un petit globule de 1 à 2 dixièmes de millimètre de diamètre, c'est-à-dire gros comme un grain de sable à peine visible. Il se compose d'une sphère enveloppante, appelée *membrane vitelline*, où se trouve une matière gélatineuse demi-liquide à laquelle on a donné le nom de *vitellus*.[2] Le vitellus offre à son tour une sorte de

---

1 Voyez les travaux récents de MM. Onimus, Feltz et Picot (de Tours) entre autres.
2 Les œufs d'oiseaux contiennent à leur centre l'ovule, dont le développement, au lieu de se faire au moyen de matériaux fournis directement par la mère, se fait aux

noyau qui est la *vésicule germinative* ou de *Purkinje*. Ainsi l'ovule présente à son début les caractères d'une véritable cellule, mais il acquiert en se développant des dimensions et une structure qui l'en distinguent bientôt et en font un organe spécial. Quand il est arrivé à la période de maturité, la vésicule germinative disparaît, et sa substance se confond avec celle du vitellus. En même temps ce dernier se retire sur lui-même et se contracte. Il se produit entre lui et la paroi de la membrane vitelline un espace qui se remplit d'un liquide clair. C'est à ce moment que survient le phénomène de la *fécondation*, lequel est dû à la pénétration des spermatozoaires qui s'introduisent dans l'espace nouveau que nous avons signalé. Alors le vitellus se déforme et accomplit pendant quelques minutes une série de mouvements giratoires très variés étudiés par M. Robin. Simultanément les spermatozoaires, — qui sont, ainsi que M. Robin l'a démontré, de véritables éléments anatomiques provenant d'ovules mâles analogues aux cellules embryonnaires des ovules femelles, — les spermatozoaires se liquéfient, et mélangent ainsi la substance du père à celle de la mère qu'ils imprègnent. On voit ensuite un fait très curieux découvert et étudié aussi, par M. Robin, la production des *globules polaires*. Ces globules sont de petites éminences qui naissent par *gemmation* à la surface du vitellus. Ils marquent le point où commencera plus tard la dépression, puis le fractionnement de celui-ci. Au même moment, un nouveau noyau, le *noyau vitellin*, naît de toutes pièces, par *genèse spontanée*, au sein de la masse primitive. Ce noyau se fractionne et se segmente en plusieurs noyaux autour desquels s'individualise la substance du vitellus, et il se constitue ainsi des cellules qui vont former en se juxtaposant contre la paroi de la membrane vitelline une autre membrane dite *blastoderme*. Cette *segmentation* du vitellus, découverte en 1824 par Prévost et Dumas, est extrêmement importante, attendu que les premiers éléments de l'embryon procèdent directement des cellules blastodermiques. Il faut noter que chez les insectes et les araignées, ainsi que M. Robin l'a découvert, le vitellus ne se segmente pas. Chez ces petits êtres, les cellules du blastoderme se forment par gemmation de la partie superficielle du vitellus, c'est-à-dire que les globules polaires, au lieu de se développer en un seul point de celui-ci, apparaissent <u>sur toute sa surface pour constituer la membrane blastodermique.</u>

dépens de ceux qui sont contenus dons l'œuf, c'est-à-dire du blanc et du jaune.

Section II

En résumé, le mécanisme essentiel de la génération se réduit à la série suivante de phénomènes s'accomplissant au sein de l'ovule ou de l'œuf dans un temps qui varie de douze à vingt-quatre heures : 1° disparition de la vésicule germinative, 2° retrait du vitellus, 3° pénétration des spermatozoaires, 4° déformation et giration du vitellus, 5° production des globules polaires par gemmation, 6° naissance du noyau vitellin par genèse, 7° segmentation du vitellus, 8° constitution du blastoderme, 9° formation de la tache embryonnaire, 10° apparition des premiers éléments définitifs de l'embryon. On le voit, le nouvel être formé d'éléments anatomiques bien constitués n'en a reçu aucun de sa mère. Ce n'est que molécule à molécule que lui sont arrivés au travers des membranes d'enveloppe les matériaux qui ont concouru à la production graduelle de ces éléments.

La doctrine de M. Robin relative à la genèse des éléments anatomiques au sein des blastèmes n'est pas admise par certains médecins. M. Virchow en particulier la conteste avec une extrême vivacité. Ce célèbre professeur, qui enseigne l'anatomie pathologique dans l'université de Berlin avec autant d'éclat qu'il interpelle M. de Bismarck dans une enceinte voisine et moins calme, est resté fidèle à la *théorie cellulaire* établie en physiologie végétale par Schleiden vers 1838, étendue plus tard à la physiologie animale par Schwann. Cette théorie admet que tous les éléments anatomiques des animaux proviennent des transformations successives et directes de la cellule. Une cellule unique et primordiale est la source des éléments les plus dissemblables, éléments nerveux, éléments musculaires, etc. La cellule naît de la cellule par *prolifération*, les autres éléments en naissent par *métamorphose*. L'organisme le plus compliqué dérive ainsi par une série de transfigurations variées d'une simple utricule rudimentaire. C'est, comme on voit, la doctrine de Lamarck et de Darwin appliquée à l'embryogénie. La question est importante. Elle a donné lieu à de récents et célèbres débats, et peut-être nous saura-t-on gré de la discuter rapidement ici.

Omnis cellula e cellula, disent les partisans de la théorie de Schwann. Cela se concevrait aisément, s'il n'y avait dans l'économie que des cellules semblables ; mais il s'y trouve quantité d'éléments tellement distincts, que l'esprit ne peut comprendre comment les uns seraient *émis* par les autres. Il se refuse par exemple à admettre que des leucocytes attaquables par l'eau, solubles dans l'acide acétique, proviennent par prolifération soit des noyaux du tissu cellulaire, soit des noyaux épithéliaux inattaquables par ces réactifs. On a de la peine à croire que des fils ressemblent si peu à leurs pères. On ne conçoit pas comment des fibres musculaires et des tubes nerveux peuvent émaner de globules absolument dissemblables sous le rapport de la composition comme sous celui des propriétés. Jamais du reste une telle filiation n'a été directement constatée. On observe bien que des cellules individualisées par segmentation sont le siège d'une scission qui donne naissance à d'autres cellules ; mais cela n'arrive que quand les cellules mères ont atteint ou dépassé leur entier développement et leurs dimensions normales. Or ce fait, qui est devenu le point de départ de la théorie cellulaire, est un pur phénomène d'évolution et non un fait de production. Les auteurs de cette théorie ont également méconnu, faute d'observer avec assez de soin et de continuité ce qui se passe lorsqu'on voit succéder à certains éléments anatomiques d'autres éléments d'espèce différente, à savoir la liquéfaction des premiers, puis la formation d'un blastème dans lequel naissent les seconds. C'est une véritable *genèse par substitution*, comme l'a nommée M. Robin, et non une émission directe, une prolifération, ainsi qu'on l'enseigne dans les écoles d'outre-Rhin. Il y a là plusieurs phases qui ont échappé à l'observation des médecins trop systématiques de Wurzbourg et de Berlin, mais que les savants français ont établies d'une façon irrévocable, n'étant point aveuglés comme les premiers par une idée préconçue. Ce que les mêmes Allemands ont appelé *génération endogène*, c'est-à-dire génération dans l'intérieur d'une cellule, est un mode également exceptionnel de la naissance des éléments anatomiques, mais en aucune façon contradictoire avec ceux que nous avons énumérés, et nullement suffisant à étayer la doctrine de Schwann. La théorie cellulaire est une doctrine aussi trompeuse que commode et séduisante. C'est une des erreurs nombreuses qu'a introduites dans la science allemande cette philosophie de la nature si fort goûtée des contemporains de Schelling et d'Oken, et dont on trouve encore aujourd'hui des traces dans les ouvrages de plusieurs savants distingués d'Allemagne. Favorable au penchant métaphysique qui nous porte à vouloir confondre les choses les plus disparates dans une chimérique unité, il n'est pas étonnant qu'elle ait fait si longtemps illusion à des esprits pour qui tout était réel, excepté la réalité elle-même.

Certains biologistes de la même école ont été conduits par une méprise analogue à imaginer une prétendue propriété inhérente aux tissus vivants et consistant dans le pouvoir qu'ils ont d'entrer en activité sous les influences les plus diverses. Ils ont donné le nom d'*irritabilité* à cette propriété, la même que Broussais considérait jadis comme spécifique et dont il avait fait le principal étai de sa doctrine. Cette irritabilité, ni autonome, ni spécifique, n'est autre chose que la manifestation de l'une des cinq propriétés fondamentales de la substance organisée. Du moins elle s'y ramène toujours, ainsi que l'a montré M. Robin, et ne saurait à aucun point de vue être envisagée comme une propriété nouvelle. C'est parce que les éléments anatomiques sont dans un état de métamorphose permanente qu'un rien peut en troubler l'équilibre et déterminer ce qu'on appelle l'irritation. Qu'un seul atome de leur masse vienne à éprouver un dérangement quelconque, le reste en subit le contre-coup, et toutes les propriétés de l'élément sont sollicitées diversement. La chaleur, le froid, l'électricité, les substances chimiques, en un mot les causes capables de modifier l'état moléculaire des éléments agissent ainsi sur la substance organisée. C'est l'instabilité du système de tels changements incessants et fugitifs qui la rend si sensible à toutes les influences, si *irritable* ; mais encore une fois les irritants ne provoquent en elle rien d'autre que la manifestation des propriétés que nous avons mentionnées.

Fendez un atome, dit un poète persan, vous y trouverez un soleil. De même l'élément anatomique, scruté en ses profondeurs, nous donne le spectacle grandiose de la vie. Il nous en dévoile les rouages cachés, les énergies dissimulées, les ressorts latents, les forces sourdes : lumineux enseignements qui ont renouvelé les conceptions philosophiques sur le monde animé, et auxquels le nom de M. Robin est pour toujours attaché,

Section III

Nous voici ramenés, après un assez long circuit, aux *tissus* de

Bichat. En effet, c'est par l'agglomération ou l'entre-croisement en mille sens divers des éléments anatomiques que sont formés ces tissus, lesquels à leur tour se mélangent pour constituer les organes. L'étude des tissus ou *histologie* est certainement la partie de l'anatomie qui a séduit le plus, par ses étonnantes et précieuses révélations, les médecins et les physiologistes contemporains. Le nombre des éléments anatomiques qui concourent à la formation d'une partie donnée de tissu ne saurait être supputé, pas plus que celui des grains de sable du bord de l'Océan. Quand on songe que ces éléments, ayant forme de cellules, de fibres et de tubes, se mesurent par millièmes de millimètre, il est clair qu'un lambeau de peau ou de muscle, qu'un fragment de cerveau ou d'os en contient des quantités immenses. Du reste, cette question n'a qu'un intérêt secondaire. Ce qu'il est important de connaître, c'est la disposition de ces éléments et l'ordre dans lequel ils s'arrangent pour constituer le tissu ; en un mot, c'est la *texture* de ce dernier. A part les tissus *produits* qui résultent de la simple juxtaposition d'éléments anatomiques de la même espèce, tous les autres tissus offrent une espèce d'élément dite *fondamentale*, parce qu'elle prédomine et donne au tissu ses principales propriétés, tout en étant associée à d'autres espèces dites accessoires. Les tissus produits offrent ainsi le degré de texture le plus simple, et ne renferment point de vaisseaux à l'état normal. De ce nombre sont le tissu épidermique ou épithélial, le tissu des ongles et des cornes, qui sont formés exclusivement de cellules épithéliales, le tissu du cristallin, qui est formé de fibres disposées en couches concentriques, etc. Les autres tissus, c'est-à-dire l'immense majorité, offrent une texture bien plus compliquée. Plusieurs espèces distinctes d'éléments anatomiques sont ici associées en un groupement défini. Le rôle du tissu est la somme des propriétés inhérentes à chaque espèce d'élément, avec prédominance des caractères de l'élément fondamental. Les éléments accessoires tempèrent en quelque sorte l'activité trop grande de ce dernier, et contribuent aussi à donner à ce tissu des propriétés d'ordre secondaire, mais indispensables à l'accomplissement de son rôle, qui est ainsi la résultante de propriétés multiples. Lorsqu'on examine au microscope la texture de ces trames organiques, on est souvent surpris de la complexité prodigieuse qu'elle manifeste. Rien de curieux comme la disposition et l'arrangement de tous ces petits centres de vie, les uns ronds, les autres polyédriques, les autres filamenteux, les autres tabulaires, et tous si petits que le plus humble ciron est un monstre à côté d'eux. Tantôt les fibres s'emmêlent d'une façon inextricable, comme des lianes épaisses autour d'un tronc séculaire ; tantôt c'est un réseau bizarre formé par les capillaires aux mailles fines et dans lequel les cellules se pressent en se déformant ; tantôt ce sont des grappes où des follicules sont disposés le long d'un canal tortueux ; tantôt ce sont des couches superposées rappelant les strates géologiques. Bref, la disposition des éléments est très diversifiée, et si l'on peut dire que les tissus sont des mots dont les éléments anatomiques représentent les lettres, il faut ajouter que l'ordre de ces dernières y est bien autrement compliqué que dans les termes du langage articulé.

Le tissu nerveux, ce chef-d'œuvre de la puissance vitale, n'est bien connu que depuis que l'histologie nous a révélé tous les éléments de cette pulpe blanchâtre et frêle. La structure des ganglions, les connexions qu'ils ont avec les nerfs, la différence des tubes nerveux et des cellules nerveuses, ont été établies par M. Robin. C'est lui aussi qui a découvert les vaisseaux lymphatiques de la substance cérébrale. Ces lymphatiques circonscrivent les vaisseaux sanguins qui parcourent le tissu nerveux central, de telle sorte que ces derniers sont complètement engaînés dans les premiers. La lymphe circule avec ses globules entre la surface interne du lymphatique et la surface externe du capillaire qui occupe le centre. La texture de la moelle des os, du placenta, de la vésicule ombilicale, de la peau, des artères, du pancréas, a été éclairée d'une vive lumière par les recherches du même observateur. On peut même dire que sur les trente tissus de l'économie il n'y en a pas un seul dont il n'ait contribué à mieux faire connaître la nature. Et cette besogne accomplie lui en a suggéré une autre, à savoir la comparaison des mêmes parties organiques entre elles aux diverses périodes de leur existence, c'est-à-dire l'établissement de l'anatomie générale comparative. Dans ce vaste champ, et si peu exploré avant lui, de la comparaison histologique, M. Robin a recueilli de précieuses vérités pour l'ensemble de la biologie.

Nous avons vu que les tissus normaux de l'organisme se composent d'un élément anatomique fondamental et d'un certain nombre d'éléments accessoires. L'art médical a tiré de la découverte de cet ordre de faits des lumières complètement inattendues. Les travaux des micrographes modernes et principalement de MM. Hannover, Lebert, Virchow, Robin, Broca, Follin, etc., ont établi en effet que toutes les productions morbides et en particulier celles qu'on connaît sous les noms de *tumeurs*, de *kystes*, de *polypes*, de *cancers*, de *squirrhes*, de *tubercules*, etc., proviennent tout simplement de la formation surabondante, excessive, de l'un de ces éléments accessoires. Il est démontré aujourd'hui que ces *néoplasies*, d'une apparence si souvent repoussante et où se dissimulent les germes de la mort, ne renferment rien d'étranger à l'organisme sain et ne sont caractérisées par aucune substance spéciale née sous l'influence de la maladie. Elles sont dues tantôt à l'*hypergenèse*, c'est-à-dire à une agglomération extraordinaire de tel élément accessoire participant à la composition normale du tissu où elles se développent, tantôt à l'*hétérotopie* de tel autre élément, c'est-à-dire à l'apparition de cet élément, là où il ne se produit point d'ordinaire. Le cancer par exemple, l'affreux cancer qui envahit et qui ronge est constitué uniquement, — qui l'aurait cru ? — par un développement exagéré de cellules épithéliales identiques à celles de notre épiderme, ou n'en différant que par des particularités dont l'origine s'explique aisément. La phthisie, ce fléau terrible qui décime notre espèce, est causée par le développement d'une matière dite tuberculeuse, composée de noyaux épithéliaux et embryoplastiques devenus granuleux et graisseux et mélangés à des corps fusiformes, tous éléments qui se trouvent dans l'organisme normal. Le poumon est ainsi envahi et détruit par des productions d'un aspect caséeux nées sous l'influence de la même loi que les productions normales, mais dans d'autres conditions. L'*hétérotopie* nous révèle d'autres phénomènes non moins singuliers. On a trouvé dans l'ovaire des kystes contenant à leur paroi intérieure un véritable derme pourvu de papilles, d'épiderme, de follicules pileux, de poils et de glandes sudoripares. On a même vu des dents se développer dans l'abdomen. Tous ces organes sont nés accidentellement dans ces régions, y ayant trouvé réunies par un concours fortuit les circonstances favorables à leur apparition. M. Robin a observé au voisinage de certaines glandes du corps la formation de petites masses composées entièrement de tissu identique à celui de la mamelle. D'autre part, les expériences récentes de M. Ollier et de M. Goujon, confirmatives de celles de Flourens, nous ont appris que des os peuvent se produire dans tous les points de l'organisme où se trouve transporté du périoste ou de la moelle fraîche, dans le ventre par exemple. Cette formation extraordinaire de substance osseuse n'a pas encore été observée à l'état spontané, mais il est facile de la réaliser par l'expérience sur les animaux.

La formation du tissu cicatriciel n'est pas autre chose qu'une régénération de tissu lamineux de la peau, et tous les tissus, à l'exception d'un seul, peuvent se régénérer ainsi dans l'organisme, lorsqu'on les y a détruits par un procédé quelconque. Et ils se régénèrent suivant les mêmes principes qui président à leur apparition et à leur développement embryonnaires. M. Robin, qui a formulé cette loi, l'étend aussi à la production des tissus morbides. Outre la régénération des tissus, le naturaliste constate aussi celle de plusieurs organes. Les travaux célèbres de Spallanzani ont mis hors de doute la reproduction de la queue et des membres chez la salamandre. De tout temps la régénération de la queue chez les lézards a été connue, seulement on n'avait point observé de vertèbres dans cet appendice de nouvelle formation. M. Charles Legros a vu dernièrement que les vertèbres y apparaissent au bout de deux ans après l'amputation. Il a obtenu aussi la reproduction totale des yeux et d'une portion de la tête chez des salamandres auxquelles il avait enlevé avec des ciseaux la tête tout entière, en respectant toutefois le cerveau. Il a déterminé également la régénération de la queue chez des loirs, seulement il n'a pu conserver ces animaux assez longtemps, pour donner aux vertèbres le temps d'apparaître à l'intérieur de l'organe.

Ces phénomènes nous montrent une même loi régissant les manifestations diverses de la puissance évolutive dans la maladie comme dans la santé. On trouve dans les faits déjà très anciens de *greffe animale* d'autres singulières preuves de cette puissance. Les travaux de M. Bert ont montré à un nouveau point de vue comment certains organes animaux pouvaient être déplacés et transportés, pour continuer à y vivre, dans une région de l'économie qui n'est pas leur siège normal. On peut même transporter, greffer des tissus d'une espèce animale à une autre espèce, injecter les globules sanguins d'un animal dans les vaisseaux d'un animal d'espèce différente, et ces globules remplissent à cette nouvelle place leur rôle propre. Il y a des cas dans lesquels des animaux, y compris l'homme, mis dans l'état de mort apparente par la perte de leur sang, ont été ranimés par la transfusion du sang[1] d'un être de même espèce, quel qu'en fût le sexe ; on sait de plus que du sang d'agneau et de veau a été injecté dans les veines d'hommes qui ont survécu, qu'il en a été de même dans les cas de transfusion du sang d'homme au chien » de celui de la brebis et du veau au chien, du veau à la brebis et au chamois, de celui du chien, du lapin et du cabiai à la poule et au coq. Ces phénomènes de physiologie, joints au résultat des observations anatomiques, ne laissent aucun doute sur l'identité spécifique des éléments dans toute la série animale.

Cette identité reconnue pour les solides s'étend aussi aux liquides de l'économie vivante, et ces liquides sont des parties non moins indispensables à l'accomplissement des phénomènes vitaux. Formées par un mélange de principes immédiats nombreux dissous dans l'eau à l'aide les uns des autres, et tenant souvent une, deux ou trois espèces d'éléments anatomiques en suspension, les humeurs sont plus complexes que les éléments anatomiques et moins complexes que les tissus. Longtemps l'apanage exclusif des chimistes, l'étude des humeurs, grâce à M. Robin, a repris sa place naturelle et légitime dans le cadre des études anatomiques. Ces organes mobiles sont étudiés avec la même méthode, les mêmes procédés et dans le même esprit de subordination aux actes physiologiques et pathologiques que les organes immobiles et consistants situés dans une position fixe.

M. Robin a donc fait pour les humeurs ce qu'il avait fait déjà pour les principes immédiats et les éléments anatomiques. Il les a mises à leur vraie place, les a classées et a indiqué leur rôle dans l'ensemble des actes organiques. Il divise les liquides animaux en trois classes : les *humeurs constituantes*, les *sécrétions* et les *excrétions*. Et c'est vraiment une satisfaction pour l'esprit que le tableau qu'il nous donne des rapports de ces trois classes dans le système des opérations de la vie. Les humeurs constituantes, sang, chyle et lymphe, portant partout dans l'intimité des tissus et des organes les matériaux nutritifs destinés à l'assimilation et l'oxygène destiné à faciliter le travail de la nutrition, sont les

---

1 Voyez le travail de M. Lemattre dans la *Revue* du 15 janvier 1870.

fluides vivifiants par excellence. Ils baignent tout l'organisme, ils l'arrosent perpétuellement de force et de chaleur, ils l'entretiennent dans son harmonie et dans son intégrité. Ce sont de vrais *milieux* organiques intermédiaires entre le milieu extérieur dans lequel plonge l'individu et les éléments anatomiques situés dans les profondeurs du corps. Ils sont organisés et doués de nutrition, c'est-à-dire que la substance s'en renouvelle moléculairement d'une façon continue. Tandis que les sécrétions et surtout les excrétions sont des liquides dénués de vie et sont fabriquées par les glandes et les parenchymes aux dépens du sang, le sang se fabrique pour ainsi dire lui-même avec les matériaux qu'il reçoit tant par la voie du poumon que par celle du canal digestif tout entier. Le sang est un laboratoire où les métamorphoses les plus variées et les plus insaisissables s'accomplissent dans des moments très petits, si petits qu'il est impossible à l'œil du biologiste d'en surprendre toutes les phases et d'en suivre la succession précipitée. La chimie tout entière que nous connaissons se déroule dans ce laboratoire ; mais il s'en déroule une autre qui nous échappe et dont nous ne faisons qu'entrevoir les lois. En effet, ces principes immédiats qui entrent dans le sang sous forme de matière grasse, de matière sucrée et de matière albuminoïde, qui en sortent sous forme de cholestérine, de leucine, de tyrosine, d'urée, de créatine, etc., ne passent pas d'emblée d'un état à l'autre. Durant tout le cours des combustions respiratoires, ils éprouvent mille modifications isomériques et transformations spécifiques que nous ignorons. Nous ne surprenons que le commencement et la fin du phénomène, mais le milieu se dérobe à nous. Pas une molécule organique n'y est identique à elle-même dans deux instants consécutifs. Il se fait là, dans ces myriades de capillaires, un travail dont nous n'avons aucune idée. Ces métamorphoses sont de véritables équations chimiques en mouvement, ce sont les séries mathématiques de la vie analogues à celles que le calcul infinitésimal étudie. Quand viendra le Leibniz qui nous dévoilera les procédés d'analyse applicables au sang qui brûle ?

Quoi qu'il en soit, cette mobilité du liquide sanguin est justement ce qui le rend susceptible d'éprouver des modifications de toute sorte sous l'influence des matières miasmatiques que renferme quelquefois l'atmosphère. La substance albuminoïde, qui est la partie fondamentale du plasma sanguin se met sans peine à l'unisson des molécules virulentes d'origine extérieure, et une fois qu'un point est altéré, l'altération se transmet de proche en proche, molécule à molécule, dans toute la masse. Le sang et à sa suite les tissus les plus mobiles éprouvent ainsi une modification isomérique qui les rend incapables de remplir leurs fonctions normales et amène souvent la mort. En particulier, dans le cas de choléra, l'albumine du sang subit une transformation qui la rend incapable de rester unie à l'eau qui la tient liquide, et en détermine la coagulation dans les vaisseaux. De là s'ensuit fatalement l'arrêt de la circulation, de la respiration et de toute autre action vitale. M. Robin a développé du reste avec beaucoup de force cette idée qu'il n'y a pas de virus, mais seulement des humeurs devenues virulentes qui sont aux humeurs saines ce que le phosphore ordinaire et toxique est au phosphore rouge et innocent, et l'on sait que ces deux corps ont la même nature chimique. Sans doute le secret des maladies virulentes et contagieuses ou épidémiques, si nombreuses et si redoutables, n'est point trouvé pour cela, mais du moins on saura maintenant la direction qu'il convient de donner aux recherches et le vrai sens des investigations.

Il en est pour les humeurs morbides comme pour les tissus morbides. Elles dérivent des humeurs saines par des procédés analogues, et ne renferment point de principes étrangers à l'économie. Seulement elles se produisent là où elles ne devraient point se produire, et dans une proportion qui explique les désordres qu'elles amènent. Les liquides des diverses hydropisies par exemple proviennent de l'hypergenèse des sérosités normales, lesquelles sont extraites du sang par les membranes séreuses telles que la plèvre et le péritoine. Le pus est formé par un blastème émané du tissu cellulaire sous-cutané, et au sein duquel naissent les globules blancs.[1] Le contenu des différents kystes à liquide est produit semblablement aux dépens du plasma sanguin par une

---

1 Des auteurs qui avaient cru jusqu'ici que les globules de pus naissent par prolifération des éléments du tissu dit conjonctif se sont vus récemment contraints de renoncer à cette explication, conforme d'ailleurs à la théorie cellulaire, et ils en ont adopté une autre extrêmement ingénieuse, qui consiste à prétendre que ces globules viennent du sang sans jamais avoir constaté d'ailleurs comment ils se produisent dans le sang. Du reste, ils oublient aussi d'expliquer comment il se forme dans certains cas des collections purulentes où il y a cinq ou six fois plus de leucocytes que dans toute la masse sanguine qui a servi à les former.

véritable hypersécrétion. Ces humeurs morbides ne débarrassent point l'économie de quelque subtil et dangereux principe, cause de tout le mal, comme on l'enseignait jadis, elles se forment sous l'influence d'une altération du sang, d'un trouble circulatoire ou d'un dérangement dans les actes soit de sécrétion, soit d'excrétion.

L'ancienne physiologie et l'ancienne médecine ont préconisé tour à tour le *solidisme* et l'*humorisme*, c'est-à-dire la prépondérance exclusive soit des solides, soit des liquides dans l'accomplissement des phénomènes vitaux. Ces systèmes ne sont confirmés ni l'un ni l'autre par les faits. Les tissus et les humeurs jouent des rôles également actifs et importants dans l'organisme, et la maladie a pour origine les altérations qui surviennent dans celles-ci aussi bien que les perturbations de ceux-là. En d'autres termes, il y a des maladies d'humeurs, des maladies de tissus et des maladies d'éléments anatomiques ; mais cette diversité s'évanouit quand on remonte à la cause commune de tous les phénomènes morbides, quand l'on découvre l'origine effective et intime des perturbations, c'est-à-dire la modification qualitative ou quantitative des principes immédiats. Nous revenons ainsi à notre point de départ, et nous trouvons à la fin de cette étude la preuve de l'intérêt qui s'attache à l'objet du commencement. La vraie médecine expérimentale et positive part en effet des principes immédiats normaux et s'élève par degrés successifs de la connaissance de ceux-ci à la connaissance des éléments anatomiques, des tissus, des humeurs, des organes, des systèmes. Elle part des principes immédiats toxiques, morbigènes et médicamenteux, et découvre la loi des diverses aberrations pathogéniques comme des influences curatives. Tous les organes animaux et tous les liquides de l'économie se résolvant en principes immédiats, toutes les métamorphoses de la santé et de la maladie se ramenant à des transformations de principes immédiats, tous les effets d'empoisonnement ou de guérison se réduisant à l'action de principes étrangers sur les principes normaux, bref, les actes les plus compliqués de la vie régulière ou dérangée s'expliquant en dernière analyse par les principes immédiats, on conçoit toute l'importance de ceux-ci. Du moment où les recherches médicales sont subordonnées à cette nécessité de ramener les faits à un tel point de départ, du moment où les expériences et les observations convergent vers cette lumière, tout s'ordonne, tout se range, tout prend une signification. Les incertitudes disparaissent. La science avance avec régularité, et la pratique avec sûreté. C'est ainsi que l'anatomie générale influe d'une façon salutaire et incessante sur le progrès de moins en moins lent de la médecine proprement dite.

Section IV

Ce qui précède n'est qu'un exposé de faits et de phénomènes dont la découverte est due la plupart du temps à l'emploi du microscope associé aux suggestions d'une raison éminente. La grande majorité du public ne connaît M. Robin que par là, et fait volontiers consister tout le mérite de ce savant dans ses travaux de micrographie. Elle se le représente comme un homme rompu aux minutieux et fastidieux détails et n'en sortant point, quittant malgré lui l'oculaire de son microscope, peu soucieux de philosopher et systématiquement indifférent aux doctrines. En effet, beaucoup de micrographes en sont là, et c'est le résultat le plus ordinaire du commerce trop assidu avec les infiniment petits. Par une rare exception, le contraire est arrivé à M. Robin. L'habitude de la réalité minutieuse et fastidieuse a grandi son esprit en l'éclairant, à tel point que ses ouvrages ont contribué pour une aussi forte part au progrès des idées qu'à celui des faits.

M. Robin a conçu que la biologie pouvait être renouvelée par la méthode, c'est-à-dire par l'introduction d'une logique rigoureuse dans les études sur la vie. Empruntant les idées de Blainville, d'Auguste Comte et de M. Chevreul sur ce difficile sujet, y ajoutant le fruit de ses méditations personnelles, il a systématisé les connaissances biologiques d'une façon probablement définitive. Il y a introduit en effet l'ordre même qui est adopté dans les sciences plus simples, dans la chimie par exemple, ordre qui consiste à commencer par le plus élémentaire pour remonter au plus complexe. M. Robin place à la base des études biologiques les principes immédiats, qui sont le point de départ de toute organisation, étant aussi les composés les plus simples existant dans l'organisme. Cette division porte le nom de *stœchiologie*. Vient ensuite l'étude des éléments anatomiques ou *élémentologie*. Ces éléments, formés par la juxtaposition et le mélange de principes immédiats des trois classes, visibles seulement au microscope et se présentant sous forme de cellules, de fibres et de tubes, sont doués, comme nous l'avons dit, des propriétés vitales élémentaires : nutrition, génération, évolution, contractilité et innervation. A un degré supérieur est placée la science des humeurs ou *hygrologie*. Les liquides organiques sont en effet formés par la dissolution d'un certain nombre de principes immédiats dans l'eau, et tiennent en suspension des éléments anatomiques. Les tissus, dont l'étude constitue l'*histologie*, sont plus complexes. Ils proviennent de l'association et de l'enchevêtrement des éléments anatomiques. A l'exception de ceux que l'on appelle produits, ils contiennent tous plusieurs espèces d'éléments anatomiques. L'*homœomérologie* connaît les systèmes formés par l'assemblage des parties de tissu identique (système osseux, système nerveux). Aux degrés supérieurs vient l'étude des *organes*, puis celle des appareils. Telle est la gradation méthodique des parties dont l'ensemble fait l'objet de l'anatomie. Si l'on ajoute que ces parties, qui représentent les diverses complications de la matière organisée, peuvent être étudiées non-seulement au point de vue anatomique ou statique proprement dit, mais encore au point de vue physiologique et thérapeutique, c'est-à-dire dans leur fonctionnement et dans leurs rapports avec les milieux, on aura indiqué tout le cadre de la science.

Voilà pour M. Robin et la majorité des biologistes la constitution générale de la biologie ; mais ce système est plutôt un plan et une méthode qu'une doctrine. Nous n'y apprenons ni ce qu'est en soi la vie, ni comment il faut concevoir la succession régulière et l'enchaînement harmonieux des phénomènes, l'appropriation des organes à l'accomplissement d'actions déterminées, la permanence des types, bref, tous les caractères éclatants et singuliers qui donnent aux êtres organisés une physionomie si distincte. Ces questions ont été traitées et résolues par M. Robin avec une dialectique aussi originale que savante.

M. Claude Bernard a écrit un livre très beau,[1] dans lequel il expose, sous le nom de *déterminisme*, la doctrine qui établit la solidarité indissoluble de- toutes les conditions nécessaires à l'accomplissement des phénomènes de la vie. Il y démontre que ces phénomènes sont rigoureusement déterminés en ce sens qu'ils

---

[1] *Introduction à la médecine expérimentale*, in-8°, 1867.

se produisent selon ; des lois fixes et invariables aussi expresses que celles qui régissent le monde minéral, et qu'aucune intervention capricieuse ne saurait déranger l'ordre commandé par ces lois. Pour l'illustre physiologiste, il n'y a pas plus de *principe vital* que de *principe minéral*, c'est-à-dire d'entité distincte des phénomènes eux-mêmes. Il admet pourtant que révolution de ceux-ci obéit, dès qu'apparaissent les premiers éléments de l'embryon, à une loi ou idée préméditée, admise d'ailleurs par les métaphysiciens anciens, et gouvernant par anticipation les phases de l'existence future. Dans un récent et très remarquable ouvrage[1] que nous signalons à la sérieuse attention des penseurs et des naturalistes, M. Robin a développé des idées bien différentes, qui vont peut-être modifier complètement les spéculations sur la vie. Le célèbre anatomiste, s'appuyant sur les données de l'embryogénie moderne telle qu'elle a été constituée par les Prévost et les Dumas, les Coste, les Reichert, les Bary et par lui-même, voit dans l'harmonie et l'ensemble de l'organisme le résultat spontané du concours des énergies propres à chaque élément anatomique. Il y voit le *consensus* nécessaire des tendances invincibles de ces milliards de monades ayant chacune en soi son rôle et sa direction, et cette vue lui fait apercevoir dans un jour inespéré la solution des difficiles problèmes que nous avons énumérés plus haut. L'ordination et l'accommodation des parties dérivent pour lui du fait même de la formation graduelle de ces parties et des propriétés qui leur sont inhérentes. Il montre comment s'explique par l'effectuation simultanée des propriétés consubstantielles aux éléments, par l'enchaînement logique des actes générateurs évolutifs et nutritifs, tout ce qu'on avait attribué jusqu'ici à la présence d'un soi-disant principe vital.

L'hypothèse d'un principe vital coordinateur et directeur des phénomènes de la vie est contradictoire avec les faits, en ce sens qu'il est d'abord impossible de préciser le moment où intervient ce principe. Voici l'ovule, c'est-à-dire un élément anatomique pur et simple, renfermant le vitellus. Cet ovule est déjà doué de vie alors qu'il dépend encore de l'ovaire. Par un enchaînement ininterrompu et fatal, d'autres éléments anatomiques s'y produisent dans un ordre déterminé depuis l'instant où il

---

[1] *De l'appropriation des parties organiques et de l'organisme à l'accomplissement d'actions déterminées* ; in-8°, 1860.

n'appartient plus à l'ovaire jusqu'à celui où l'embryon s'y forme. Ce dernier naît dans la tache embryonnaire de la même façon que le noyau vitellin dans le vitellus. Chaque élément, par le fait même de son existence et de l'accomplissement du rôle qui lui est propre, devient ici la condition d'existence d'autres éléments apparaissant nécessairement dans le milieu qu'il a engendré et se comportant comme lui. Dès lors à quel moment et pourquoi un principe vital interviendrait-il dans cette suite de générations ? Dès que le vitellus se borne à offrir successivement les conditions nécessaires à la genèse des divers éléments de l'embryon, et que celles-ci sont solidaires, il est clair que, si on entrave ou modifie un des actes du développement, celui-ci ne se continuera plus d'une manière normale. C'est ce que l'expérience vérifie pleinement. Les causes les plus légères, les moindres déviations spontanées ou provoquées dans l'arrangement des cellules blastodermiques ou embryonnaires, compromettent la formation régulière du nouvel individu en amenant soit la production de monstruosités, soit la mort du germe. Quand celui-ci est arrêté dans son évolution, ses enveloppes naturelles continuent la leur, et l'on voit se former ce qu'on appelle une *môle*. En effet, il faut concevoir que les cellules dont nous venons de parler n'ont absolument qu'une fonction et qu'un pouvoir : fournir les conditions nécessaires à la formation des premiers organes de l'embryon, c'est-à-dire des lames dorsale et ventrale. Ces lames sont à leur tour le point de départ de la corde dorsale, qui détermine l'apparition des deux moitiés de l'axe nerveux central. Viennent ensuite les cartilages vertébraux, les yeux et les vésicules auditives, le cœur, les vaisseaux, le sang, etc. Chacun de ces organes devient, en apparaissant, la cause de la génération de l'autre, en sorte que, si quelque circonstance dérange ou fait cesser la production ou le développement du premier, le second ne se montre pas ou bien donne une monstruosité. Chez les truites, les saumons et les brochets, il meurt de 70 à 80 pour 100 des œufs fécondés artificiellement. Lereboullet, à qui l'on doit cette observation, a fait voir également que sur 100 œufs qui éclosent, le nombre des monstres produits varie de 2 à 5. L'homme est soumis aux mêmes contingences. — Sur 3,000 naissances, il y a toujours au moins 200 mort-nés à Paris et la moitié dans le reste de la France, et sur 100 mort-nés on compte en moyenne un monstre non viable. Indépendamment des mort-nés, on constate dans l'espèce humaine un nombre considérable d'anomalies congénitales qui, sans menacer l'existence, l'abrègent et l'embarrassent souvent en s'opposant : à l'exercice régulier des fonctions. Le crétinisme, l'idiotie, la surdimutité, l'hydrocéphalie, la spina-bifida, l'extrophie de la vessie, les imperforations ou l'absence du dernier intestin, les anomalies du cœur et des organes génitaux, etc., sont ainsi des aberrations aussi tristes que fréquentes de la puissance évolutive.

Ces faits démontrent, ce semble, l'inanité de l'hypothèse d'un principe plastique disposant de l'ovule et de l'embryon, et les façonnant à son gré, conformément à une loi préméditée. Ils prouvent aussi que la naissance du nouvel être se compose d'une série d'*épigenèses*, au lieu de se réaliser, comme l'ont cru certains naturalistes, par la transformation successive de parties qui préexistaient dans l'ovule. La doctrine de l'*emboîtement des germes* ou de la *préformation syngénétique*, dans laquelle on admet que les germes de toutes les générations futures étaient contenus dans un œuf primordial, c'est-à-dire que l'ovule renferme en puissance tout ce qui existera plus tard dans l'organisme, cette théorie, défendue par Leibniz, Kant et plusieurs autres philosophes et naturalistes, est donc opposée à l'observation embryogénique.

Évidemment les phénomènes d'évolution et d'organisation sont soumis à une loi qui s'exprime par les limites imposées à l'évolution et par la forme imposée aux organes. Cette loi n'est pas invariable, l'étude des maladies et des monstruosités le prouve ; alors même qu'elle le serait, rien ne nous autorise à lui supposer une origine extérieure ou antérieure aux êtres vivants pas plus qu'à la déduire de la mécanique des atomes. Évidemment il y a dans la série des formations anatomiques une création graduelle et dans la série des fonctions physiologiques une direction visible, mais quelle témérité d'en inférer l'existence d'une idée créatrice et d'une idée directrice ! Avons-nous le droit de donner ainsi une réalité objective aux abstractions de notre esprit ? Comment d'ailleurs et par quelle analogie se représenter l'influence de telles idées sur les matériaux organiques ? La raison intrinsèque, suffisante et déterminante des phénomènes vitaux, on est obligé de le confesser après la démonstration qu'en donne M. Robin, gît dans les propriétés mêmes de la substance organisée. Ces phénomènes sont des équations d'un degré très élevé, des formules infiniment complexes dont ces propriétés sont les facteurs premiers, les termes irréductibles pour nous. Bref, les éléments anatomiques ont en eux-mêmes leur principe d'action et de direction, exactement comme les molécules minérales qui forment les cristaux ont en elles le principe de l'harmonie qu'elles engendrent. La forme extérieure, c'est-à-dire le contour, de même que la forme intérieure, c'est-à-dire l'organisation, sont l'une et l'autre la conséquence des principes d'énergie spontanée propres aux particules ultimes de la vie. Quant au principe de ces principes, à leur cause première, une nuit impénétrable nous en dérobe la vue. Sans doute, après un premier regard jeté sur l'ensemble des êtres animés, on a quelque peine à ne pas se laisser aller à la pensée qu'un souffle aussi intelligent que puissant s'est communiqué à eux, les imprègne, les vivifie et les pousse dans une voie dont il sait le but (*mens agitat molem*). En voyant les organes les plus délicats et les plus parfaits naître d'une pulpe d'apparence informe et grossière, on est porté presque invinciblement à chercher haut l'ouvrier de cette industrie étonnante. La contemplation de cet ensemble d'abord plein d'enchantements et de merveilles jette l'esprit dans une rêverie où il acquiert la conviction que de si surprenants ouvrages sortent directement d'une main souveraine ; mais, pour peu que l'esprit soit clairvoyant, il a bientôt renoncé, devant le témoignage des faits, à l'illusion du premier moment. S'il se donne la peine de pénétrer au fond des choses et d'en épuiser le détail, s'il veut bien suivre pas à pas. le développement de la vie dans l'ovule et dans l'embryon, étudier les fonctions de l'économie sur les animaux sains et sur les animaux malades, il reconnaîtra la spontanéité et l'activité des forces naturelles agissant en soi et par soi dans un *processus* éternel. Le juste sentiment des activités initiales et sourdes s'élevant à l'état de systèmes harmonieux et se déployant en fécondes énergies sera pour lui toute une révélation. Cette nouvelle aperception des choses où l'on part du petit, de l'imparfait et du relatif pour arriver au grand, au perfectionné et à l'absolu lui semblera comme une réminiscence de la philosophie de Leibniz. Les vertus particulières de corpuscules élémentaires engendrant un tout supérieur par les siennes lui rappelleront la *monadologie*. Il concevra l'unité dans la solidarité et non dans la confusion. Tout ce qui existe et vit à la surface de notre planète lui apparaîtra dans une claire vision comme le résultat des groupements innombrables et compliqués de phénomènes simples, où la consubstantialité de la forme et de la force est évidente. *Dans un désespoir éternel d'en connaître ni le principe ni la fin*, comme dit Pascal, il se contentera d'en saisir les apparences les plus sûres et les plus déterminées. Aucunement dogmatique, également impuissant à comprendre de quelle manière la vie et la pensée peuvent provenir d'une agrégation d'atomes ou d'une cause surnaturelle, il se tiendra dans une sage réserve touchant ces problèmes redoutables. C'est là du moins le dernier enseignement et l'impérieux précepte de la science expérimentale.

Celle-ci, en tout cas, nous a livré bien des secrets. Montrer la matière organique, amorphe et rudimentaire dans les blastèmes, se combiner, s'organiser, évoluer et s'ordonner, de mille façons pour former par degrés successifs les éléments anatomiques, les humeurs, les tissus et les organes, montrer les propriétés élémentaires et irréductibles s'enchaîner, s'emmêler, s'engrener, pour provoquer par leur ressort l'accomplissement des opérations les plus élevées, montrer la connexion de tous les actes dans le développement embryonnaire comme dans la vie plénière, et entrevoir le mécanisme des perturbations de toute sorte, c'est donner une ample satisfaction pour le présent et de belles espérances pour l'avenir en ce qui concerne la connaissance de l'économie animale.

Section V

Il convient peut-être, après cette esquisse de l'état actuel de l'anatomie générale, de jeter un coup d'œil sur l'influence que M. Robin a exercée comme chef d'école, et sur l'impulsion qu'il a donnée aux recherches microscopiques en France. En effet, c'est lui qui, par son enseignement et son exemple, a introduit dans les générations actuelles le goût de ces recherches si instructives et si fécondes. Dès 1848, il fonda un laboratoire où pendant quinze ans plusieurs centaines de disciples français et étrangers se sont exercés, sous sa direction, au maniement des instruments grossissants et à toutes les opérations délicates que nécessitent les études d'anatomie générale. Des hommes comme Bigelow, Laboulbène, Béraud, Hiffelsheim, Luys, Lorain, George Pouchet, lui font le plus grand honneur. Pour donner plus d'extension à son enseignement, il en publia la substance dans un volume (*Traité du microscope et des injections*) qui est devenu, avec celui de Dujardin, le manuel des observateurs. D'autre part, poussant, conseillant les plus distingués de ses élèves, il leur inspira des recherches dont les résultats, consignés dans des thèses et dans des mémoires remarqués, démontrèrent victorieusement la puissance de la méthode employée. Il n'y a rien de plus beau dans l'histoire des sciences contemporaines que ce mouvement décisif qui, grâce à M. Robin, porta un grand nombre des jeunes médecins d'alors au sein de ces investigations révélatrices des mystères les plus cachés de la vie.

A la même époque, les laboratoires de Paris of fraient le spectacle de la plus heureuse activité. M. Claude Bernard, à l'aurore de sa réputation, commençait au Collège de France, — dans le petit cabinet où travaillait Magendie, — ses mémorables expériences sur la production du sucre animal. Il étonnait déjà les écoles de physiologie de l'Europe par sa précision méthodique et sa pénétration clairvoyante. M. Coste, dont la persévérance n'a d'égale que l'ardeur méridionale, chercheur hardi, égaré quelquefois par l'enthousiasme, mais toujours ramené par un vif sentiment de la réalité, suivait les métamorphoses de l'ovule et de l'embryon, et reconstituait. l'embryogénie. Laurent à la Monnaie étayait ses spéculations chimiques d'expériences capitales et minutieuses. Solitaire, mélancolique, découragé par l'insuccès de ses doctrines, il achevait dans son obscur laboratoire ces belles séries de découvertes qui l'ont illustré. Gerhardt, esprit supérieurement trempé pour la recherche et pour la généralisation, vivait péniblement du produit de quelques leçons particulières, tout en étant d'un unanime accord le premier chimiste de son temps. Il faisait alors ces travaux d'où sont sorties plus tard la théorie des types et celle de l'atomicité. Sénarmont à l'École des mines poursuivait avec l'habileté si délicate qui le caractérisait ses observations de cristallographie optique et ses expériences de synthèse minéralogique. M. Wurtz à l'École de médecine appliquait son talent d'investigation et d'interprétation aux grandes questions de chimie pure, et créait les ammoniaques composées. Foucault allait faire sa célèbre expérience du Panthéon. Le laboratoire particulier de M. Robin était le foyer des études microscopiques et le lieu des plus belles découvertes sur la structure intime des êtres vivants.

M. Robin continua cet enseignement jusqu'au jour où, une chaire d'anatomie générale ayant été créée pour lui à l'École de médecine, il put le donner sous une autre forme à de nombreux élèves, jaloux de faire connaissance avec un ordre de notions dont ils n'avaient qu'entrevu jusqu'alors les lumineux horizons. A la même époque (1862), un laboratoire nouveau fut mis par la Faculté à sa disposition, et ce laboratoire est devenu le centre de recherches actives inspirées presque toutes par le maître. Les jeunes savants qui ont fait là leur apprentissage ont déjà conquis dans la science une belle notoriété et plus d'une fois reçu les couronnes de l'Institut. M. Robin est d'ailleurs pour eux le conseiller le plus sûr en même temps que l'ami le plus bienveillant. Il est toujours prêt à éclairer et à guider ceux qui le consultent. La collection des thèses soutenues à l'École de médecine en est une preuve convaincante. On y voit l'influence considérable que ses travaux et ses ouvrages ont exercée sur les études, le salutaire bénéfice tiré de l'application de ses méthodes et le fruit excellent que portent toutes les œuvres où l'esprit d'abstraction est associé dans une juste mesure à celui de la recherche concrète. On n'estime généralement pas à sa vraie valeur, au point de vue des intérêts de la science, le patronage actif des maîtres.

L'heure où l'on commence à vivre des souvenirs du passé plus que des espérances de l'avenir, à songer à la besogne accomplie plus qu'à en projeter de nouvelle, ne semble pas être encore arrivée pour M. Robin. Son ardeur laborieuse ne s'est pas refroidie, et il poursuit ses recherches avec la même assiduité que la rédaction des ouvrages où il résume son enseignement. Ces ouvrages attestent d'ailleurs que la science française n'est point déchue de sa lucidité traditionnelle, de sa précise méthode, ni de sa philosophique élévation. Quoique sévère, trop sévère peut-être pour les métaphysiciens, il aime ce qui est général, compréhensif, et les sommets d'où, l'on découvre l'ensemble régulier des détails. Lisez les préfaces qu'il a mises en tête de ses livres, et vous verrez que cet homme, habitué à supputer les infiniment petits, est familier avec les vastes doctrines. C'est en vérité le plus bel éloge qu'on puisse faire d'un savant moderne.

Si l'on compare les unes aux autres, non-seulement sous le rapport du génie scientifique, mais encore touchant les traits du caractère et les allures de la pensée, les grandes personnalités dont l'histoire conserve le souvenir, on est conduit à remarquer que les mêmes figures se reproduisent souvent avec une étonnante similitude. Quelle curieuse ressemblance de mœurs, de tendances, d'habitudes intellectuelles et, jusqu'à un certain point, de doctrines, nous offrent, par exemple, Baglivi, Brown et Broussais, ces trois célèbres et fougueux réformateurs de la médecine ! Quelle singulière identité et pour l'aptitude merveilleuse à toutes les sciences et pour la clarté de l'esprit, pour la manière d'écrire et pour le goût de dominer, entre Haller et Cuvier ! Spinoza, Kant et Hegel, tous trois épris de l'idée pure, absorbés par elle, plongés dans le commerce de l'absolu, entièrement détachés des choses de ce monde, ne nous apparaissent-ils point également comme une répétition l'un de l'autre ? Lamarck, Delamétherie, Etienne-Geoffroy Saint-Hilaire, Darwin, encore des esprits tout à fait de même lignée et de même figure ! Étrange métempsycose du génie, avec non moins de justesse, M. Robin pourrait, ce semble, être rapproché de Bichat, natif comme lui du département de l'Ain. Leurs physionomies scientifiques ont beaucoup d'analogies, et ils ne diffèrent guère que par leurs habitudes de style. Tous deux infatigables et opiniâtres dans la recherche, distinguant nettement le but de leurs efforts, marchant d'un pas mesuré, avec méthode, c'est-à-dire avec sûreté, tous deux possédant le sentiment le plus juste et le plus exquis des harmonies vitales, tous deux dogmatiques et systématiques, ils ont concouru à cinquante ans d'intervalle à l'édification du même monument. L'un a commencé, l'autre a terminé les fondements de l'anatomie générale.

L'ensemble des travaux de M. Robin constitue d'ailleurs un des plus intéressants chapitres de l'histoire de la science française au XIXe siècle. Ajoutons que cette histoire n'est ni médiocrement glorieuse pour notre pays ni médiocrement rassurante pour l'avenir de la science. Elle nous révèle en France, depuis le commencement du siècle et dans tous les ordres de connaissances, une suite de travaux qui se font remarquer par leur continuité, par leur solidité et au premier chef par leur lucidité. Le grand caractère de nos découvertes, c'est d'être claires autant que sûres et de s'imposer immédiatement à ce double titre. Maigre l'exiguïté de nos laboratoires, la pénurie de nos ressources, l'incertitude des perspectives offertes aux ouvriers de l'intelligence et l'indifférence d'une notable partie du public qui ne s'intéresse guère aux vérités abstraites, nos physiciens, nos chimistes, nos biologistes, continuent avec persévérance leur œuvre d'investigation. Disons-le fièrement, car c'est la vérité, en dépit du luxe et de la multiplicité de leurs établissements scientifiques, les Allemands et les Anglais ne font pas plus de besogne ni de meilleure besogne que nous.

Je sais bien que plusieurs personnes considérables se sont émues dans ces derniers temps de la situation pénible faite aux jeunes savants français et de la parcimonie de notre budget en ce qui concerne les sommes allouées aux écoles de science pure. Pour entraîner le gouvernement dans une voie plus favorable aux intérêts des études et de la gloire nationales, elles ont cru devoir citer l'exemple des autres pays où l'argent est prodigué aux chercheurs avec autant de bonne grâce que la faveur publique. Certes l'intention de ces personnes est louable, et le pouvoir aurait tort de rester sourd à de si justes réclamations. Il ne saurait être trop convaincu que le moment est venu, comme dit M. Coste, de former en dehors de l'enseignement un personnel d'investigateurs assez largement rétribués pour n'avoir pas à se préoccuper du lendemain et pouvoir entreprendre en sécurité des recherches de longue haleine. Ce serait une faute énorme de laisser inachevées les fondations dues à l'initiative ardente de M. Duruy. Il convient même de les étendre et de les consolider au plus vite, surtout en ce qui concerne les moyens par où le professeur peut former des élèves, car c'est là ce qui constitue la grande force des laboratoires étrangers et la faiblesse des nôtres. Encore une fois, il ne faut pas conclure de l'infériorité de nos établissements scientifiques et de nos moyens matériels à l'infériorité de nos productions et de nos résultats. Notre science contemporaine reste au premier rang, car c'est en France que dans ce siècle-ci sont nées et se sont développées avec éclat la chimie générale, la physiologie générale et l'anatomie générale.

Section V

ISBN : 978-1978038615

www.ingramcontent.com/pod-product-compliance
Lightning Source LLC
Chambersburg PA
CBHW050248230526
45470CB00005B/2170